DIE VORGESCHICHTE

Tatsachen, Rekorde, Daten, Vergleiche

Annabel Craig

Inhalt

Bearbeitete deutsche Fassung von
Hans Joachim Conert

ars edition

Was ist Vorzeit?

Rückwärts durch die Zeit

In der Geschichte erfaßt man die Zeit, über die es vom Menschen geschriebene Urkunden gibt. Die ältesten Schriften sind 5500 Jahre alt. Die Vorzeit beginnt viel früher. Sie ist die Geschichte der Lebewesen auf der Erde und nur durch Versteinerungen überliefert. Lebewesen gibt es seit 3,2 Milliarden Jahren.

Die Zeittafel der Erde

Diese Tafel zeigt die Geschichte der Erde seit ihrer Entstehung vor 4,6 Milliarden (Mrd.) Jahren. Jedes tatsächliche Jahr bedeutet darin nur eine Sekunde.

Entstehung der Erde	vor 146 Jahren
Entstehung der Einzeller	vor 100 Jahren
Quallen, Würmer, Schwämme	vor 18 Jahren
Erste Kriechtiere	vor 10 Jahren
Dinosaurier, erste Säugetiere	vor 6 Jahren
Erste Affen	vor 1 Jahr
Neuzeitliche Menschen	vor 11 Stunden
Früheste Kulturstufen	vor 2¾ Stunden
Bau der ägyptischen Pyramiden	vor 1¼ Stunden
Christi Geburt	vor 33 Minuten
Kolumbus entdeckt Amerika	vor 8 Minuten
Der Mensch landet auf dem Mond	vor 20 Sekunden

Hast du's gewußt?

Im Jahr 1656 errechnete der irische Erzbischof James Ussher aus der Bibel, daß die Erde am Samstag, dem 3. Oktober im Jahre 4004 v. Chr. um 20.00 Uhr entstanden sei. Nur wenige Leute glaubten Ussher, obwohl viele damals wie heute eine wissenschaftliche Entwicklungstheorie ablehnen.

Zeitmessung

Es gibt verschiedene Kalender, mit denen man die Tage und Jahre zählt. In der westlichen Welt zählt man die Jahre seit Christi Geburt. Der chinesische,

islamische und jüdische Kalender beginnt dagegen jeweils zu einem anderen Zeitpunkt. Für die Vorzeit gibt es keinen solchen Kalender, da niemand die genauen Daten kennt. Die Zahlen geben deshalb nur die Reihenfolge und Dauer der einzelnen Erdperioden an.

Woher wissen wir das?

Versteinerte Tatsachen

Fossilien sind die Überreste von Pflanzen und Tieren, die im Verlauf von Jahrmillionen zu Stein geworden sind. Wenn man sie mit den heutigen Lebewesen vergleicht, kann man sich vorstellen, wie das Leben auf der Erde vor langer Zeit war. Da ständig neue Fossilien gefunden werden, wird dieses Bild immer vollständiger.

Verschiedene Fossilien

Meist werden die Hartteile von Pflanzen und Tieren versteinert, manchmal findet man aber auch andere Spuren von ihnen:

Knochen
Gehäuse
Zähne
Hörner
Haut
Haare
Fußabdrücke
Blattabdrücke
Eier
Kot

Die C-14-Methode

Radioaktiver Kohlenstoff wird von allen Lebewesen aufgenommen. Nach ihrem Tode nimmt die Strahlung allmählich ab. Dadurch kann man das Alter von Versteinerungen bis zu 100 000 Jahren messen.

lebender Mensch:	2 500 Strahlen je Stunde
5 600 Jahre alter Schädel:	1 250 Strahlen je Stunde
11 200 Jahre alter Schädel:	625 Strahlen je Stunde
44 000 Jahre alter Schädel:	3 Strahlen je Stunde

Eine winzige Chance

Nur wenige Lebewesen werden zu Stein. Die Voraussetzung ist, daß eine Pflanze oder ein Tier bald nach dem Tod von Schlamm oder Erde bedeckt werden. Unter Luftabschluß werden

sie dann ganz allmählich zu Stein. Die Chance, ein Fossil zu finden, ist ebenfalls gering. Nur wenn es durch die Bewegung der Erdoberfläche oder durch Wind und Regen aus seiner Gesteinsschicht befreit wird, kann man es entdecken – wenn man Glück hat.

Wie alt sind sie?

Viele Gesteine werden in Schichten abgelagert, deshalb liegt die älteste Schicht unten. Sie ist ebenso alt wie die darin eingeschlossenen Fossilien. Die tiefste Schlucht auf dem Festland ist der Grand Canyon (USA). Hier liegen Fossilien aus mehr als 2 Milliarden Jahren übereinander.

Zeitplan

Jede Erdperiode hat ihren Namen.
Entstehung der Erde 4,6 Mrd.
Eiszeit 2,3 Mrd.
Erste Lebewesen 3,2 Mrd.
Präkambrium 4600 - 570 Mio.
Kambrium
Erste Tiere (Quallen, Würmer) 680 Mio.
Erste Muscheln 570 Mio.
Erster Wald 330 Mio.
Erste Reptilien 280 Mio.
Erste Dinosaurier 200 Mio.
Trias 230-195 Mio.
Perm 280-230 Mio
Zunehmende Zahl von Säugetieren
Jura 195-141 Mio.
Urvogel 190 Mio.
Kreide 141- 65 Mio.
Paläozän 65-55 Mio.
Eozän 55-38 Mio.
Vögel 140 Mio.
Dinosaurier sterben aus 65 Mio.

Erste Fische
500 Mio.
Erste Land-
pflanzen
400 Mio.
570 - 500 Mio.
Ordovizium
500-435 Mio.
Erste Lurche
350 Mio.
Silur
435-395 Mio.
Devon 395-345 Mio.
Karbon 345-280 Mio.
Erste Insekten
380 Mio.
Erste Affen
Menschenaffen
5 Mio.
Vormenschen
2 Mio.
Beginn der letzten
Eiszeiten 2 Mio.
Erste Kulturen
10 000 Jahre
Oligozän
38-22 Mio.
Miozän
22-6 Mio.
Pliozän
6-2 Mio.
Pleistozän
2 Mio.-10 000
Holozän
10 000 - Heute

Das Leben beginnt

Die ersten Lebewesen

Die ersten Lebewesen der Erde gab es vor etwa 3,2 Mrd. Jahren. In Südafrika fand man die in Feuerstein eingebetteten Versteinerungen kleiner, im Wasser lebender Zellen. Hunderte hätten auf diesem i-Punkt Platz gehabt.

Steinteppiche

In Zimbabwe (Afrika), gibt es große Kalksteinwälle, die sog. Stromatoliten. Sie wurden vor 3 Mrd. Jahren von Blaualgen abgeschieden. Solche winzigen Pflanzen sind noch heute in der Haifischbucht in Australien dabei, weitere Stromatoliten zu »produzieren«.

Hast du's gewußt?

Sauerstoff ist ein Bestandteil der Luft, die wir zum Atmen brauchen. Aus Sauerstoff besteht auch die Ozonschicht der Erde. Sie schützt uns vor den gefährlichen ultravioletten Strahlen und läßt den Himmel blau erscheinen.

Pflanzen erzeugen Sauerstoff

Lange vor den Tieren gab es Pflanzen. Zuerst waren es winzige Algen, die Sauerstoff erzeugten. Erst als die Luft genug Sauerstoff enthielt, konnten Tiere entstehen, die ihn zum Atmen brauchen. Auch heute stammt der Sauerstoff, den Menschen und Tiere atmen, von den Pflanzen.

Die ersten Tiere

Fossilien der ältesten bekannten Tiere wurden in Ediacara (Australien) gefunden. Es sind Abdrücke von Quallen, so groß wie Autoreifen. Diese Tiere strandeten vor 670 Mio. Jahren an der Küste und wurden von Sand bedeckt, bevor sie verwesten.

Erstaunlich, aber wahr

Die ersten Tiere, die Augen hatten, waren die Dreilapper (Trilobiten). Während beim Menschen jedes Auge nur eine einzige Linse hat, besaßen die Augen der Trilobiten bis zu 20 000. Es gab über 10 000 Arten, die vor 570–230 Mio. Jahren lebten. Sie sind die Vorfahren unserer heutigen Krebse.

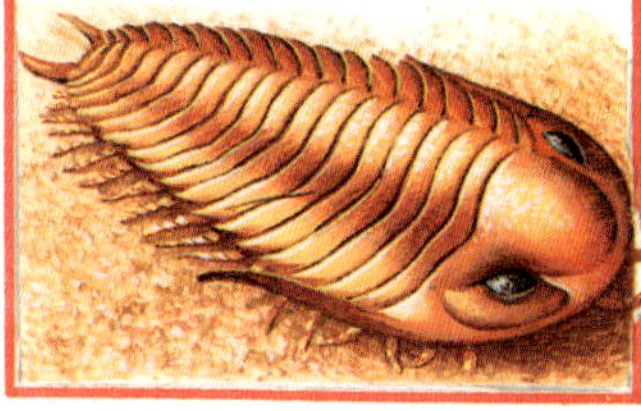

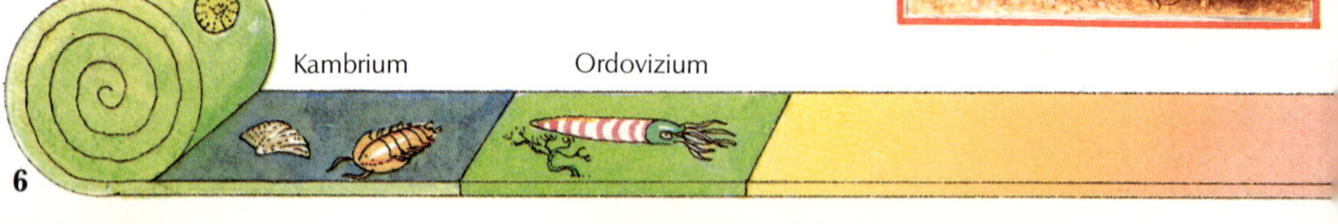

Welche Lebewesen gab es im Kambrium noch nicht? (570–500 Mio.)

Gehäuse

Die ersten Muscheln und Schnecken lebten im Kambrium vor 570–500 Mio. Jahren. Das Gehäuse gab ihnen Schutz. Zu dieser Zeit entstanden zahlreiche neue Arten. Die Gehäuse dieser fossilen Weichtiere blieben gut erhalten, weshalb wir ihre Geschichte am besten kennen.

Gärten unter Wasser

Nicht alle Tiere sehen auch wie Tiere aus. Seelilien ähneln z. B. eher den Blumen. Sie haben zahlreiche lange Arme, mit denen sie Nahrung aus dem Wasser filtern.

Die häufigsten Fossilien

Die Armfüßer (Brachiopoden) waren weit verbreitet. Heute gibt es nur noch 300 Arten, während bisher mehr als 30 000 Arten als Versteinerung gefunden worden sind.

Wandernde Gehäuse

Die Kopffüßer gehören zu den Weichtieren. In ihrem Gehäuse gab es Kammern, die mit Gas oder Wasser gefüllt waren. Zur Fortbewegung stießen sie einen Wasserstrahl aus. Dadurch konnten sie gut schwimmen. Manche waren kegelförmig und bis 4,5 m lang, das entspricht einer Länge von 40 Eistüten.

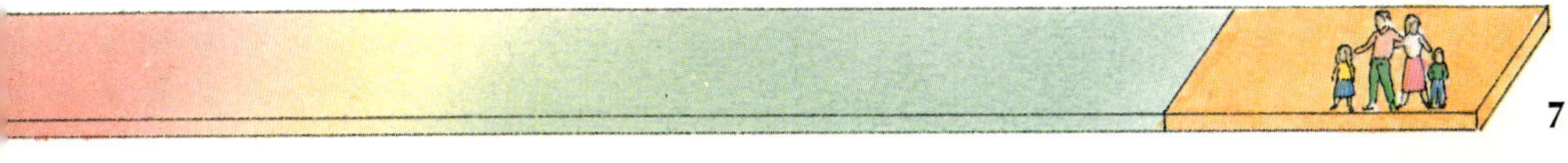

Meeresbewohner

Der erste Fisch

Zu den ersten Wirbeltieren gehören die Urpanzerfische (Ostracodermen). Dieser Name bedeutet »knochige Haut«. Sie hatten einen Knochenpanzer um den Vorderkörper. Da sie keine Kiefer hatten, konnten sie nur kleine Nahrungsstücke aus dem Schlamm filtern.

Kiefer

Vor 395 Mio. Jahren, im Devon, entwickelten die Panzerfische (Placodermen) Kiefer. Damit konnten sie Beutetiere fressen – ihr Nahrungsangebot war nun größer. Wegen der vielen neuen Fischarten kann man das Devon als das »Zeitalter der Fische« bezeichnen.

Hast du's gewußt?

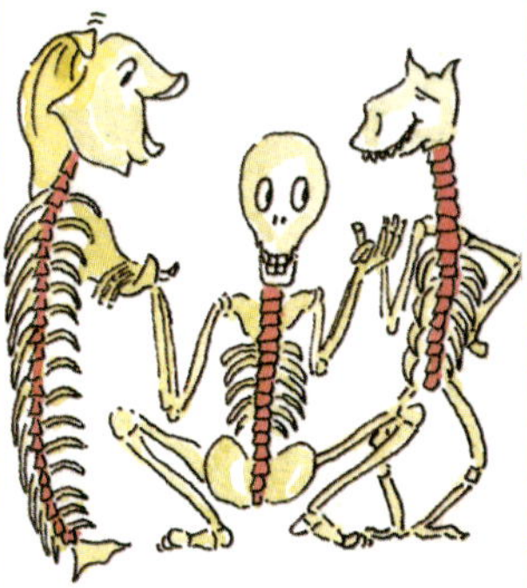

Was sind Wirbeltiere?

Wirbeltiere sind Tiere mit einer Wirbelsäule. Vögel, Kriechtiere, Lurche, Fische und Säugetiere gehören zu ihnen. Mehr als die Hälfte der 42000 bekannten Wirbeltierarten sind Fische.

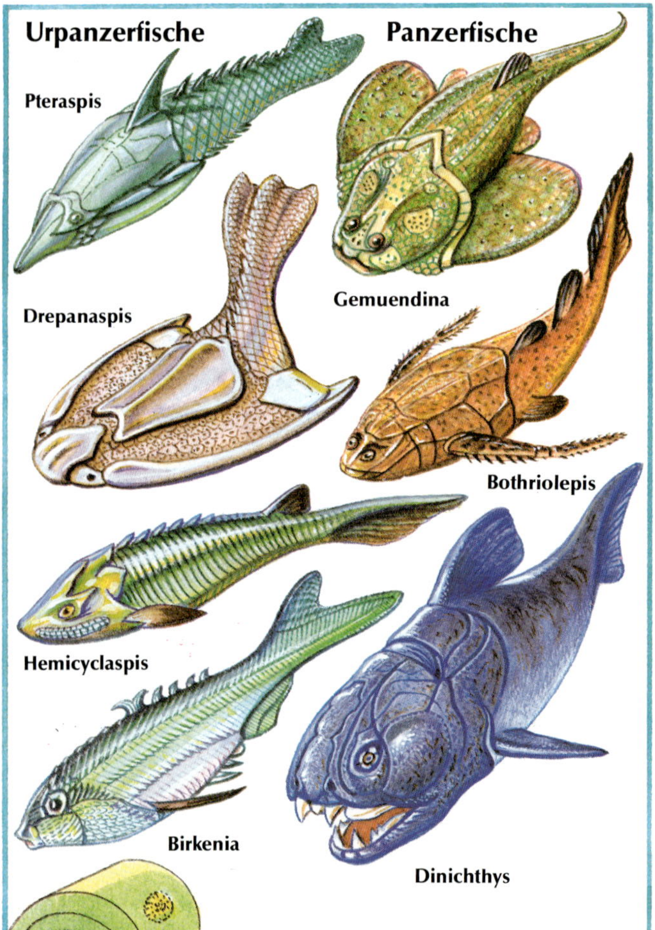

Riesige Gehäuse

Eine ungeheure Anzahl von Ammoniten lebte vor 230–65 Mio. Jahren. Sie gehören zu den Weichtieren und waren in Form und Größe sehr verschieden. Der größte Ammonit, Parapuzosia, hatte einen Durchmesser von über 2 m.

Erstaunlich, aber wahr

Nach Jahrmillionen bekamen einige Fische Zähne. Bei Panzerfischen wuchsen die Zähne aus dem knochigen Panzer nahe dem Maul.

Ein Korallenkalender

Korallen gibt es schon seit Hunderten von Millionen Jahren. Im Verlaufe dieser langen Zeit haben sie ihr Aussehen geändert. Wenn man ein Riff untersucht, so kann man Korallen aus verschiedenen Erdzeitaltern und mit ganz verschiedenen Formen finden.

Ein riesiges Maul

Der größte vorzeitliche Fisch, Carcharodon, lebte vor 22 Mio. Jahren. Dieser Vorfahre des Weißhais war so lang wie ein Lastwagen und hatte Zähne so groß wie eine Hand. Er konnte sein Maul so weit aufsperren, daß vier Personen darin hätten stehen können.

Monster der Tiefe

Ein riesiger Raubfisch in den Meeren der Devon-Zeit war Dinichthys. Er wurde viermal so lang wie ein Surfbrett. Er hatte sehr scharfe, etwa 60 cm lange Zähne und einen stark gepanzerten Kopf.

Fischbeine

Vor etwa 370 Mio. Jahren gab es Zeitabschnitte mit heißem, trockenem Klima. Viele Flüsse und Seen trockneten aus. Der Fisch Eusthenopteron konnte außerhalb des Wassers leben, da er sowohl mit Lungen als auch mit Kiemen atmete. In seinen kräftigen Flossen waren Knochen, mit denen er bei der Suche nach Wasser über den Boden kriechen konnte. Eusthenopteron ist wohl der Vorfahre der Lurche.

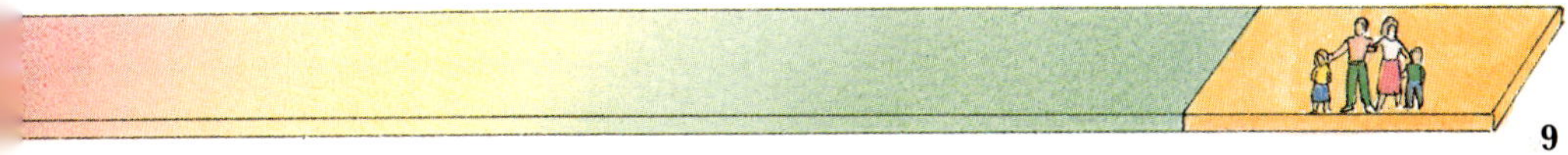

Die Eroberung des Festlands

Die ersten Landpflanzen

Eine der ersten Landpflanzen, Cooksonia, wurde in Wales gefunden. Sie hatte niedrige, auf dem Boden kriechende Sprossen, aber keine Blätter, Wurzeln oder Blüten.

Der Steinkohlenwald

Diese Pflanzen wuchsen in den heißen, feuchten Wäldern der Steinkohlenzeit. Sie sind nur aus Versteinerungen bekannt.

Wasserleitungen

Der Körper der Wasserpflanzen wird vom Wasser getragen. Auf dem Lande sind die Lebensbedingungen anders. Um hier zu überleben, müssen die Pflanzen verschiedene

Ausbildungen entwickeln: ein Skelett, das sie aufrecht hält; eine Haut, die sie vor dem Vertrocknen schützt und ein Röhrensystem, das alle ihre Zellen mit Wasser versorgt. Die erste Pflanze, die alle diese Einrichtungen hatte, war Cooksonia.

Hast du's gewußt?

Kohle ist aus vorgeschichtlichen Pflanzen entstanden. In der Steinkohlenzeit waren große Teile von Europa, Nordamerika und Asien mit Sümpfen und tropischen Wäldern bedeckt. Die abgestorbenen Pflanzen lagerten sich in mächtigen Schichten ab. Hierauf wiederum schichteten sich Schlamm und Gestein, deren Gewicht Wasser und Luft aus den Pflanzen preßte. So bildete sich die feste Kohle.

Weihnachtsbäume

Fichten gab es schon vor 80 Mio. Jahren. Heute verwenden wir sie als Weihnachtsbäume.

Blühende Blumen

300 Mio. Jahre nach den ersten Landpflanzen begannen Bäume, Blüten zu bilden. Die ersten waren den Magnolien ähnlich. Ihre Blüten sahen zur Zeit der Dinosaurier genauso aus wie heute.

Erdgeschichte in 24 Stunden

Wären mittags die ersten Lebewesen im Meer entstanden, so wären um 23.55 Uhr die ersten Landpflanzen erschienen. Sie besiedelten das Festland als erste. Später bildeten sie dann die Nahrung der Tiere.

Bernsteinfallen

Fossile Insekten gibt es selten, da sie sehr zerbrechlich sind. Sie wurden jedoch häufig vom Harz der Nadelbäume eingeschlossen. Dieses Harz verhärtete zu einem durchsichtigen, gelben Stein, dem Bernstein. In ihm kann man fossile Insekten sehen. Bernstein findet man vorwiegend an der Ostsee.

Erstaunlich, aber wahr

Vor 400 Mio. Jahren lebte ein riesiger Meeres-Skorpion. Pterygotus war so groß wie ein Auto und hatte gewaltige Zangen, um seine Beute zu fangen. Er war das größte Tier mit einem Außenskelett.

Bumerangkopf

Diplocaulus war ein Lurch mit einem merkwürdig geformten Kopf, mit dem er gut schwimmen konnte. Außerdem war er damit vor anderen Tieren sicher.

Die ersten Amphibien

Lurche sind Tiere, die sowohl an Land als auch im Wasser leben. Zur Vermehrung müssen sie immer ins Wasser zurückkehren, denn ihre Larven, die aus den Eiern schlüpfen, atmen mit Kiemen. Die ersten Lurche, Ichthyostega, lebten vor 350 Mio. Jahren.

Das größte Insekt aller Zeiten

Die ersten fliegenden Insekten erschienen vor 300 Mio. Jahren und waren bis vor 195 Mio. Jahren die einzigen flugfähigen Tiere. Erst dann gab es Flugsaurier. Meganeura, eine Libelle, hatte eine Flügelspannweite von 76 cm – so groß wie ein Papierdrachen.

Insektenbisse

Die ältesten Landpflanzen gab es vor 380 Mio. Jahren. Sie wurden in Rhynie (Schottland) gefunden und wiesen Fraßspuren auf, die von Insekten stammen. Die Feinschmecker waren kleine Springschwänze namens Rhyniella.

Die Erde verändert sich

Schwimmende Platten

Die Erdoberfläche besteht aus Platten, die auf dem flüssigen Gestein des Erdinneren schwimmen. Sie schieben sich über- oder untereinander. Wenn sie zusammenstoßen, entstehen Vulkane oder Erdbeben.

Klima-Gegensätze

Die Sahara ist heute eine der heißesten Wüsten der Erde. Vor 450 Mio. Jahren war sie jedoch von Eis bedeckt. Heute ist die Antarktis das kälteste Gebiet, obwohl vor Jahrmillionen dort Bäume wuchsen.

Ein gigantischer Wasserfall

1970 fand man heraus, daß das Mittelmeer bis vor 6 Mio. Jahren ein riesiges ausgetrocknetes Becken war. Dann verschob sich die Erdkruste, und der Atlantische Ozean durchbrach die Straße von Gibraltar. Es dauerte 100 Jahre, bis das Mittelmeer aufgefüllt war.

Erstaunlich, aber wahr

Vor 200 Mio. Jahren grenzte Indien an die Antarktis. Seitdem hat es sich fast 7000 km weit nach Norden bewegt.

Kontinentaldrift

Seit Jahrmillionen driften die Kontinente auseinander und schieben sich in verschiedenen Kombinationen wieder zusammen.

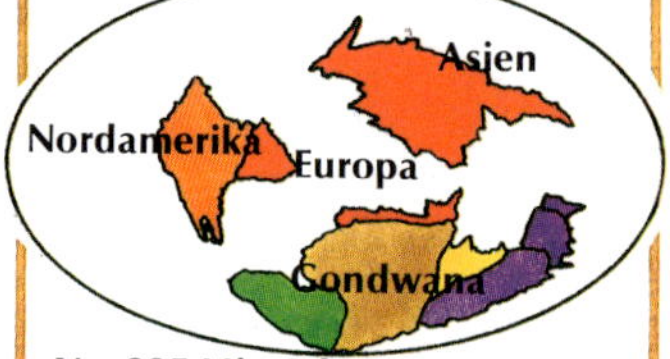

Vor 325 Mio. Jahren

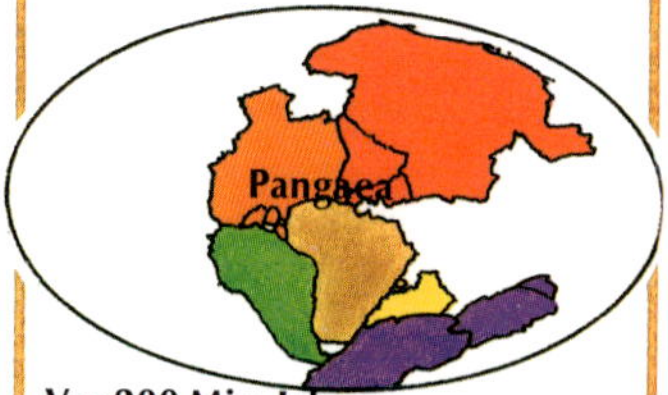

Vor 200 Mio. Jahren

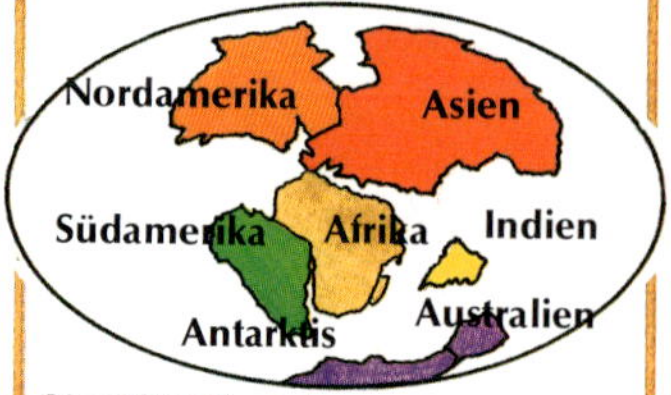

Vor 135 Mio. Jahren

Heute

Die Steinkohlenwälder

Im Karbon (vor 345–280 Mio. Jahren) lagen Nordamerika, Europa und Asien nahe am Äquator. In dem heißen Klima wuchsen die Wälder, aus denen später die Kohle entstand.

Entstehung der Gebirge

Europa

Die Alpen entstanden, als sich der ganze afrikanische Kontinent nach Norden bewegte und gegen Europa schob.

Nordamerika

Vor vielen Jahrmillionen faltete sich in Nordamerika die Erde. Dabei wurden Gesteinsmassen emporgehoben, und die Appalachen entstanden. Erst viel später – mit den Anden und den Alpen – falteten sich die Rocky Mountains auf.

Südamerika

In der Tertiärzeit hob sich der Westrand des südamerikanischen Kontinents. Er drückte riesige Gesteinsmassen nach oben. So entstanden die Anden.

Asien

Nordamerika, Europa und Asien (ohne Indien) bildeten in der Kreidezeit (vor 135–64 Millionen Jahren) einen einzigen Kontinent. Auch in dieser Zeit entstanden hohe Gebirge.

Auf die Spitze getrieben

Hoch im Himalaja, 500 km vom Meer entfernt, hat man fossile Meerestiere gefunden. Der Himalaja entstand, als Indien sich gegen Asien bewegte und dabei den Meeresboden nach oben schob.

Ein Puzzlespiel

Auf verschiedenen Kontinenten hat man die gleichen Fossilien gefunden. Die Kontinente müssen also verbunden gewesen sein.

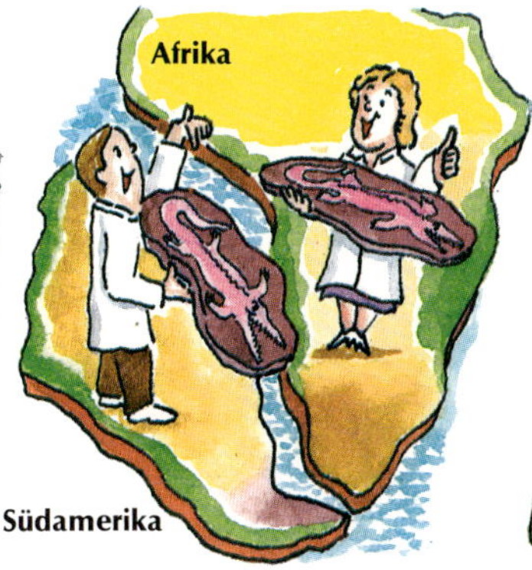

Steinalt

Das älteste Gestein, das man auf der Erde gefunden hat, stammt aus dem Weltraum: 4,6 Milliarden Jahre alte Meteoriten, die in der Antarktis eingeschlagen sind. Die ältesten auf der Erde entstandenen Gesteine sind 3,8 Milliarden Jahre alt.

Hast du's gewußt?

London vor 50 Mio. Jahren

Hier gab es Urwald und Sümpfe, in denen Krokodile und Schildkröten lebten. Das Klima war heiß und feucht.

New York vor 200 Mio. Jahren

Hier gab es einen großen See. An seinem Ufer lebte Icarosaurus, einer der ältesten Flugsaurier.

Saurier

Die ersten Saurier

Fossilien der ersten Kriechtiere wurden in Neuschottland (Kanada) gefunden; sie sind 300 Mio. Jahre alt. 200 Mio. Jahre lang beherrschten Saurier die Erde.

Hast du's gewußt?

Reptilien sind die ersten Wirbeltiere, die ausschließlich auf dem Land leben konnten. Da ihre Eier durch eine harte, ledrige Schale vor dem Austrocknen geschützt waren, brauchten sie diese nicht im Wasser abzulegen.

Die ältesten Eier

Die ältesten bekannten Sauriereier wurden von einem Tier vor 280–230 Mio. Jahren (im Perm) gelegt. Sie waren so groß wie Hühnereier.

Segel auf dem Rücken

Dimetrodon

In Texas (USA) hat man die Fossilien zweier Saurier gefunden: Dimetrodon und Edaphosaurus. Sie lebten vor 270 Mio. Jahren.
Auf ihren Rücken hatten sie Wirbelfortsätze, zwischen denen eine Haut wie ein Segel gespannt war.

Kaltes Blut

Reptilien sind Wechselwarmblüter; ihre Körpertemperatur hängt von ihrer Umgebung ab. Manche Saurier hatten Hautsegel, die sie aufstellten, um sich an der Sonne zu wärmen. Wenn es ihnen zu warm wurde, falteten sie diese wieder zusammen.

Edaphosaurus

Weitverbreitete Saurier

Vor 220–195 Mio. Jahren war Rhynchosaurus ein weit verbreiteter Saurier. Dieser Pflanzenfresser war etwa so groß wie ein Schaf und gilt als Vorfahre der Brückenechse, die heute in Neuseeland lebt.

Die Vorfahren der Dinosaurier

Erythrosuchus, ein Vorfahre der Dinosaurier, war mit 5 m Länge das größte Landlebewesen, bis vor 190 Mio. Jahren die Dinosaurier erschienen.

Zurück ins Wasser

Vor etwa 210 Mio. Jahren verließen drei Gruppen von Kriechtieren das Festland und kehrten in das Wasser zurück. Sie entwickelten Schwimmpaddel und Flossen anstelle von Beinen und Füßen.

Ichthyosaurus war ein Fischsaurier in der Größe eines Delphins. Er legte keine Eier, sondern gebar lebende Junge.

Die **Plesiosaurier** hatten einen sehr langen Hals. Bei Elasmosaurus war der Hals so lang wie der Rumpf, nämlich 6 m.

Unter den **Meeresschildkröten** war Archelon eine der größten. Sie lebte vor 85 Mio. Jahren und war so groß wie 3 Tischtennisplatten.

Der größte Meeressaurier

Stretosaurus war der größte Meeressaurier aller Zeiten. Von ihm wurde in England ein 3 m langer Kieferknochen gefunden. Das Tier muß demnach eine Gesamtlänge wie acht Taucher hintereinander gehabt haben.

Ein Riesenkrokodil

Das größte Krokodil wurde in Texas (USA) gefunden. Es lebte vor 75 Mio. Jahren, war 16 m lang und so schwer wie 170 Menschen.

Erstaunlich, aber wahr

Den längsten Hals im Verhältnis zum Körper hatte Tanystropheus. Er war 4 m lang, doppelt so lang wie der Rumpf. Wahrscheinlich wurde der Hals wie eine Angelrute benutzt. Dieser Saurier lebte vor 22 Mio. Jahren in Europa.

Perm

Heute

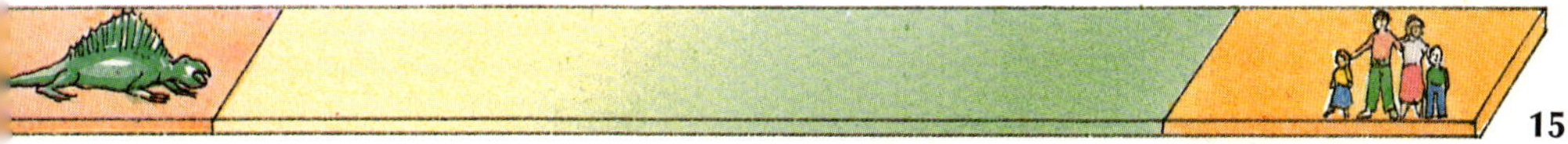

Riesensaurier

Überlebenskünstler

Dinosaurier gehören zu den Reptilien. Sie lebten vor etwa 200–65 Mio. Jahren. Das ist 70mal länger als die 2 Mio. Jahre, seitdem es Menschen und ihre Vorfahren auf der Erde gibt.

Hast du's gewußt?

Dinosaurier bekamen ihren Namen 1841 von Dr. Richard Owen. Er benannte die ersten drei bekannten Arten Hylaeosaurus, Megalosaurus und Iguanodon. »Dinosaurier« bedeutet auf griechisch »Schreckensechse«.

Ein riesiger Mensch?

Bis vor etwa 150 Jahren wußte man nicht, daß es Dinosaurier gegeben hat. Als man 1677 in England einen Beinknochen des Megalosaurus fand, glaubte man, daß er von einem Riesen stammte.

Riesen unter Riesen

Die größten Landlebewesen aller Zeiten waren die Sauropoden. Sie waren Pflanzenfresser und hatten im Verhältnis zu ihrem großen Körper nur kurze Beine.

Sauropoden	Höhe	Gewicht	Länge
Diplodocus	unbekannt	11 t	26 m
Apatosaurus	unbekannt	30 t	21 m
Barosaurus	unbekannt	unbekannt	28 m
Cetiosaurus	unbekannt	9 t	14 m
Brachiosaurus	13 m	100 t	28 m

Dinosaurier-Party

1854 wurden für die Gärten des Kristallpalastes in London Dinosaurier-Modelle gebaut. Iguanodon gestaltete man ähnlich wie ein Nashorn. In seinem Bauch feierten 20 Personen ein Fest.

Das größte Skelett

Im Naturmuseum in Ost-Berlin ist das größte Dinosaurier-Skelett der Welt ausgestellt. Es stammt von einem Brachiosaurus und wurde in Tansania gefunden. Das Tier muß so viel wie 15 Elefanten gewogen haben.

Ein Bausatz für Dinosaurier

All das brauchte man für ein lebensgroßes Modell des Iguanodon:

600 Ziegelsteine

650 Dachziegel

38 Säcke Zement

90 Säcke Schotter

30 m Eisendraht

6 m Eisenträger

Eine Wand aus Dinosauriern

Besucher des Dinosaur National Monument in Utah (USA) können eine 58 m lange Wand bestaunen, in der sich mehr als 1000 Dinosaurierknochen eingebettet finden. Diese Wand war vor 140 Mio. Jahren Teil eines schlammigen Flußbettes, in dem die Dinosaurier eingesunken und verendet waren.

Erstaunlich, aber wahr

Das größte je gefundene Ei eines Sauriers war so groß wie ein Rugbyball. Es wurde in Frankreich entdeckt und stammt von Hypselosaurus, einem Sauropoden.

Der kleinste Dinosaurier

Einer der kleinsten Dinosaurier war nur 60 cm lang. Er wurde in Schottland gefunden und Saltopus (Springfuß) genannt. Mit seinen langen Hinterbeinen konnte er sicherlich schnell laufen.

Weitere Dinosaurier

Die passende Rüstung

Pflanzenfressende Dinosaurier brauchten Schutz vor ihren Feinden. Ankylosaurus hatte deshalb starke Knochenplatten auf Kopf, Rücken und Schwanz. Dieser Panzer schützte ihn – wie eine Rüstung – vor Angriffen.

Erstaunlich, aber wahr

Die Nashornsaurier hatten einen Nackenschild, um sich vor Raubsauriern zu schützen. Bei Torosaurus war er besonders stark ausgebildet. Kopf und Schild waren 2,5 m groß – so groß wie ein Auto.

Triceratops

Der bekannteste Nashornsaurier war Triceratops. Er wog 6 t und wurde 9 m lang. Mit seinen drei Hörnern, die bis 1 m lang waren, konnte er sich gegen die Tyrannenechse verteidigen.

Trompeten für Schnabelsaurier

Schnabelsaurier lebten vor 85–65 Mio. Jahren und waren in Nordamerika verbreitet. Bei Parasaurolophus war das Nasenbein zu einem langen, gebogenen Horn ausgewachsen. Schreie wurden damit verstärkt.

Eine Knochenhütte

In Wyoming (USA) fand ein Schäfer an einem Ort zahlreiche Knochen. Er baute daraus eine Hütte. Später entdeckte man, daß es sich dabei um versteinerte Knochen von Dinosauriern, Schildkröten und Krokodilen handelte.

Die Namen der Saurier

Die Namen der Saurier stammen aus dem Lateinischen oder Griechischen. Oft werden Fundorte oder Gestalt in den Namen festgehalten.

Shantungosaurus	gefunden in Shantung (China)
Alamosaurus	gefunden in Alamo (Texas, USA)
Pentaceratops	(griechisch) »penta« fünf; »cerat« Hörner; »ops« um die Augen
Deinocheirus	(griechisch) »Schreckenshand«

Riesige Raubsaurier

Seltsame Arme

Von Deinocheirus wurden nur Armknochen mit drei Krallenfingern gefunden. Dieser Raubsaurier muß ein riesiges Tier gewesen sein, denn seine Arme waren über 2,5 m lang, fünfmal länger als die eines erwachsenen Menschen.

Tausende von Zähnen

Hadrosaurus hatte über 2000 Zähne, die nachwuchsen, wenn sich andere abnutzten. Dieser Pflanzenfresser wurde so groß wie ein Elefant.

Tyrannosaurus Rex

Der größte Raubsaurier, den es jemals auf dem Festland gab, war die Tyrannenechse. Sie hatte einen mächtigen Kopf und bis zu 18 cm lange Zähne. Mit den kurzen Vorderbeinen konnte das Tier nicht einmal sein Maul erreichen. Gemessen an seiner Körpergröße hatte es ein sehr kleines Gehirn.

Hast du's gewußt?

In Colorado (USA) änderte eine Stadt ihren Namen von Artesia in Dinosaur, nachdem dort viele Dinosaurier gefunden wurden. Selbst die Straßen wurden nach Dinosauriern benannt.

Dinosaurier-Alltag

Die Dinosaurier gehen durch!

In Queensland (Australien) wurden die Fußabdrücke von über 130 Dinosauriern gefunden. Mit einer Geschwindigkeit von 8 km/h flüchteten sie vor einem Raubsaurier. Der war allerdings doppelt so schnell.

Erstaunlich, aber wahr

Stegosaurus hatte das kleinste Gehirn im Verhältnis zu seiner Körpergröße. Er war 6 m lang und wog fast 2 t. Sein Gehirn war jedoch nur so groß wie eine Walnuß.

Der schnellste Dinosaurier

Nicht alle Dinosaurier bewegten sich langsam. Gallimimus konnte auf seinen langen Hinterbeinen bis zu 56 km/h laufen, fast so schnell wie ein Rennpferd.

Tödlicher Zweikampf

Zwei Dinosaurier, die sich im Kampf gegenseitig umbrachten, fand man in der Wüste Gobi (Mongolei). Der Raubsaurier Velociraptor hatte einen Protoceratops angegriffen und umklammerte sein Opfer noch im Tode.

Dinosaurier-Fossilien wurden auf der ganzen Welt gefunden.

Dinosaurier-Nester

Die Dinosaurier legten Eier. Protoceratops brachte bis zu 18 Eier in einem schüsselförmigen Loch unter. Einige Dinosaurier bedeckten ihre Eier mit Sand und ließen sie von der Sonne ausbrüten. Das Nest der Maiasaura bestand aus einem runden Erdwall mit einem Durchmesser von etwa 2 m.

Große Füße

In Texas (USA) wurden die größten Fußabdrücke eines Dinosauriers entdeckt. Sie stammen von einem Sauropoden. Die Abdrücke sind so groß, daß in jeden so viel Wasser paßt wie in eine Badewanne.

Dinosaurier-Herden

Dinosaurier lebten wahrscheinlich in Herden. In Neu-Mexiko wurden 1947 auf einmal 100 Skelette von Coelophysis gefunden, 1877 in Belgien 31 Iguanodons.

Hast du's gewußt?

Bisher wurden über 800 Saurierarten entdeckt. Man teilt sie nach der Form ihrer Beckenknochen in zwei Gruppen:

Saurischia (mit Echsenbecken)

Ornithischia (mit Vogelbecken)

Dickschädel

Pachycephalosaurus bekam wegen seines starken Schädelknochens den Spitznamen »Dickschädel«.

Die Schädeldecke war bis zu 25 cm stark und schützte die Saurier, wenn sie gegeneinander kämpften.

Steine im Bauch

Bei einigen Skeletten von Sauropoden fand man große Steine im Magenbereich. Man nimmt an, daß die Tiere diese Steine absichtlich verschluckten. Sie sollten vielleicht helfen, Pflanzenteile im Magen zu zermahlen.

Fliegende Tiere

Das allergrößte Ei

Die größten bisher gefundenen Eier legte Aepyornis, ein riesiger flugunfähiger Vogel. Jedes Ei kann 9 Liter fassen; das ist so viel wie:

4 Dinosaurier-Eier

7 Straußen-Eier

40 Gänse-Eier

110 Enten-Eier

180 Hühner-Eier

470 Tauben-Eier

12 000 Kolibri-Eier

Kriechtier oder Vogel?

Vor 140 Mio. Jahren lebte das erste gefiederte Tier, der Urvogel Archaeopterix. Er wurde 1861 in Deutschland entdeckt. Er hatte Zähne, Krallen an den Flügeln und – wie ein Reptil – einen langen knochigen Schwanz.

Der erste echte Vogel konnte nicht fliegen

Der erste Vogel, Hesperornis, war ein großer Meeresvogel, der vor 80 Mio. Jahren lebte. Er war 2 m lang und hatte Zähne. Wie ein Pinguin konnte er nicht fliegen, war aber ein ausgezeichneter Schwimmer.

Hast du's gewußt?

Vögel sind die Nachfahren der Dinosaurier. Der Archaeopterix hatte sowohl Vogel- als auch Reptilienmerkmale. Er liegt in der Entwicklung zwischen den Dinosauriern und den Vögeln.

Fliegende Reptilien

Lange nach den Insekten eroberten die Saurier die Luft. Sie wurden Pterosaurier genannt und lebten vor 195–70 Mio. Jahren. Rhamphorrhynchus und Pterodactylus gehörten zu dieser Gruppe.

Der größte Flugsaurier

Quetzalcoatlus lebte vor 65 Mio. Jahren in Nordamerika. Er war das größte Tier, das fliegen konnte. Mit einer Spannweite von 12 m hatte er die Größe eines einmotorigen Sportflugzeugs.

Ein fliegender Riese

Pteranodon hatte eine Flügelspannweite von 7 m. Das knochige Horn auf seinem Kopf war 1 m lang und diente als Gewichtsausgleich für den mächtigen Schnabel.

Erstaunlich, aber wahr

Vogel ohne Flügel

Dromornis , der größte bekannte Vogel, lebte vor 10 Mio. Jahren in Australien. Er hatte keine Flügel, wog 500 kg und war 3 m hoch. Damit war er viermal so schwer wie ein Strauß, der größte heute lebende Vogel.

Der größte flugfähige Vogel

Argentavis hatte eine Flügelspannweite von 7 m. Er war etwa 120 kg schwer. Wahrscheinlich konnte er beim Fliegen nicht mit den Flügeln schlagen.

Er hob vom Boden ab, indem er seine Flügel ausbreitete und gegen den Wind hielt. Dabei nutzte er Aufwinde aus und hielt sich wie ein Drachenflieger in der Luft.

Die ersten Vögel

Die Tabelle zeigt, seit wann es diese Vögel gibt.

Flamingo	70 Mio.	Strauß	45 Mio.
Eule	70 Mio.	Ente	30 Mio.
Habicht	45 Mio.	Pelikan	16 Mio.
Pinguin	45 Mio.	Gans	16 Mio.

Säugetiere erscheinen

Entstehung der Säugetiere

In der Trias (vor etwa 200 Mio. Jahren) gingen die Säugetiere aus den Kriechtieren hervor. Thrinaxodon, ein Reptil, hatte Rippen und Zähne. Es muß sich auf allen vieren bewegt haben.

Hast du's gewußt?

Behaarte Tiere, die ihre Jungen mit Milch säugen, nennt man Säugetiere. Es sind Warmblüter, d. h. Tiere mit gleichbleibender Körpertemperatur, auch wenn die Umgebungstemperatur schwankt.

Die ersten Säugetiere

Die ältesten Säugetierarten lebten vor etwa 190 Mio. Jahren. Morganucodon wurde in Wales gefunden, während Megazostrodon aus Lesotho (südl. Afrika) stammt. Sie legten Eier und brachten keine lebenden Junge zur Welt wie die meisten heutigen Säugetiere.

Der größte Wal

Der größte frühgeschichtliche Meeressäuger war Basilosaurus, ein Wal. Er lebte vor 40 Mio. Jahren und war 20 m lang, also etwas kleiner als der heute lebende Blauwal, der 27 m lang wird.

Große Taschen

In Australien lebten riesige Beuteltiere, deren winzige Junge in der Bauchtasche ihrer Mütter lebten, bis sie herangewachsen waren. Diprotodon, ein Wombat, war so groß wie ein Nashorn. Procoptodon, ein riesiges Känguruh, wurde über 3 m groß.

Vorgeschichtlicher Kopfschmuck

Während der Eiszeiten lebten in Europa Riesenhirsche. Die männlichen Tiere trugen die größten je gefundenen Geweihe: 1,4 m lang, 70 kg schwer.

Arsinoitherium vor 35 Mio. Jahren in Nordafrika.

Brontotherium vor 35 Mio. Jahren in Nordamerika.

Synthetoceras vor 15 Mio. Jahren in Nordamerika.

Uintatherium vor 45 Mio. Jahren in Nordamerika.

Elasmotherium lebte vor 200 000 Jahren in der UdSSR. Sein Horn wurde bis zu 2 m lang.

Das kleinste und das größte Kamel

Alticamelus war ein Kamel mit einem »Giraffenhals«. Es war 3,5 m hoch und lebte vor 10 Mio. Jahren in Nordamerika. Stenomylus war nicht größer als eine Gazelle.

Erstaunlich, aber wahr

Paraceratherium war das größte Landsäugetier aller Zeiten. Man fand es 1912 in Baluchistan (Pakistan). Es war 8 m hoch und 11 m lang. Es hatte einen Rumpf wie ein Rhinozeros, einen Pferdekopf, Elefantenbeine und den Schwanz eines Esels.

Tertiär

Quartär

Weitere Säugetiere

Tod im Asphaltsumpf

In La Brea bei Los Angeles (USA) wurden in einem kleinen Gebiet sehr viele Säugetier-Fossilien gefunden. Vor 15 000 Jahren kamen hier Tausende Tiere zum Trinken und versanken dabei in einem Asphaltsumpf. Auch die Raubtiere, die ihnen auflauerten, kamen dabei um. Über 1000 Säbelzahntiger wurden neben Erdfaultieren, Kamelen, Mammuten und Pferden gefunden. Noch heute quillt Asphalt aus dem Untergrund hervor.

Hast du's gewußt?

Die Placenta-Tiere (z. B. Menschen, Kaninchen oder Wale) behalten die Jungen in ihrem Körper, bis sie ganz entwickelt sind. In den letzten 65 Mio. Jahren kamen 95 % aller Säugetiere so auf die Welt.

Riesige Säugetiere

Viele der heute lebenden Säugetiere hatten riesige Vorfahren. Es gab gigantische Nashörner, Warzenschweine und Biber.

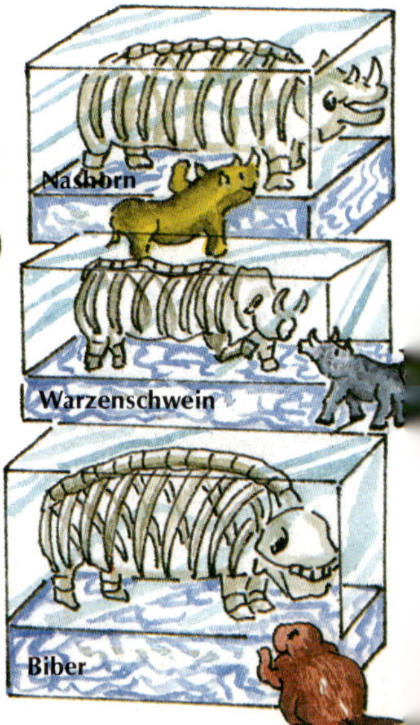

Ein langer Zahn

Die größten Stoßzähne hatte ein vorgeschichtlicher Elefant, der in Mitteleuropa lebte. Sie waren mit 5 m fast doppelt so lang wie die Stoßzähne der heute lebenden Elefanten.

Scharfe Zähne

Eines der gefährlichsten fleischfressenden Säugetiere war Smilodon. Dieser Säbelzahntiger lebte vor 11 Mio. Jahren in Nordamerika. Seine Reißzähne waren so lang wie diese Buchseite.

Eine große Klappe

Megistotherium war das größte fleischfressende Säugetier, das je entdeckt worden ist. Es lebte vor 20 Mio. Jahren in Nordafrika und war 900 kg schwer. Sein Kopf war doppelt so groß wie der eines Bären. Mit seinen scharfen Zähnen konnte es sogar Elefanten angreifen.

Pferde

Die Urpferde lebten in den nordamerikanischen Wäldern und waren so groß wie Katzen. Sie hatten mehrere Zehen an ihren Füßen. Das erste Pferd mit Hufen war Pliohippus.

Pliohippus, vor 5 Mio. Jahren

Hyracotherium, vor 55 Mio. Jahren

Mesohippus, vor 35 Mio. Jahren

Merychippus, vor 20 Mio. Jahren

Equus, vor 2 Mio. Jahren

Erstaunlich, aber wahr

Die ersten Elefanten waren so groß wie Schafe. Moeritherium wog etwa 20 kg und war 300 mal kleiner als der Afrikanische Elefant, das größte heute lebende Landlebewesen.

Schaufeln und Gabeln

Platybelodon lebte vor 20 Mio. Jahren in Europa. Das Tier hatte einen schaufelförmigen Unterkiefer. Deinotherium hatte stoßzahnartige Unterzähne, mit denen es Wurzeln ausgrub.

Zwergsäuger

Vor etwa 1 Mio. Jahren gab es auf einigen Mittelmeerinseln eine Zwergart der Elefanten. Palaeoloxodon auf Malta wurde nur 1 m groß, während die Arten auf dem Festland oft eine Größe von bis zu 5 m erreichten.

Mammute

Tatsachen über Mammute

Diese Tiere lebten seit 5 Mio. bis vor 10 000 Jahren. Das Wollhaar-Mammut war durch seine langen Haare und das dichte Unterfell vor Kälte geschützt. Es hatte Zähne in der Größe von Ziegelsteinen und bis 4 m lange Stoßzähne.

Erstaunlich, aber wahr

Der gefrorene Boden von Sibirien (UdSSR) wirkt wie eine riesige Kühltruhe. Viele Tiere wurden dort vollständig erhalten. In den letzten 300 Jahren hat man hier 4700 gefrorene Mammute gefunden. Wahrscheinlich sind noch immer viele im Eis eingeschlossen.

Das Klima

In der letzten Zwischeneiszeit war das Klima in Europa viel wärmer als heute. Bei Joint Mitnor in England wurden viele Säugetiere gefunden, die vor 12 000 Jahren in eine Höhle gefallen waren:

Flußpferd
Bison
Bär
Löwe
Hyäne
Wolf
Elefant
Nashorn
Rothirsch
Riesenhirsch

Mini-Mammut

1977 wurde in dem gefrorenen Boden Sibiriens (UdSSR) ein vollständig erhaltenes Mammut-Baby gefunden. Es war nur 1 m groß und 7 Monate alt, als es vor etwa 40 000 Jahren starb.

Wollmäntel

In der letzten Eiszeit mußten sich die Säugetiere an die niedrigen Temperaturen anpassen. So entstanden Riesenformen von Mammuten, Elefanten und Bisons. Die großen Körper konnten die Körperwärme besser speichern. Außerdem bekamen die Tiere ein wolliges Fell.

Wollhaar-Nashorn

Wollhaar-Mammut

Südamerikanische Besonderheiten

Viele Säugetierarten gibt es nur in Südamerika. Sie konnten seit 60 Mio. Jahren nicht nach Norden vordringen, da bis vor 2 Mio. Jahren Nord- und Südamerika getrennt waren.

Glyptodon war 2,5 m lang. Sein Knochenpanzer sowie der starke Schwanz dienten zur Verteidigung.

Vor 2 Mio. Jahren lebte **Megatherium,** ein riesiges Faultier. Es konnte Blätter in 6 m Höhe erreichen, wenn es sich auf den Hinterbeinen aufrichtete.

Der älteste Affe

Aegyptopithecus ist der älteste bekannte Affe und wurde in Fayum am Rande der Ägyptischen Wüste gefunden. Er lebte vor 27 Mio. Jahren, als das Land mit dichtem Regenwald bedeckt war.

Eine Mammut-Mahlzeit

1900 wurde in Sibirien (UdSSR) ein seit 30 000 Jahren gefrorenes Mammut gefunden. In seinem Magen befand sich noch unverdaute Nahrung. Das Mammut-Fleisch war so gut erhalten, daß man einen Teil davon hätte essen können.

Bärenknochen

In Europa lebten vor 700 000–12 000 Jahren große Bären, die mit vielen Generationen in Höhlen überwinterten. In Österreich hat man eine Höhle mit den Knochen von über 30 000 Bären gefunden. Vorgeschichtliche Menschen fingen die Bären, indem sie die Eingänge der Höhlen verschlossen.

Hast du's gewußt?

Alle Menschen, Menschenaffen und Affen gehören zur Ordnung der Herrentiere oder Primaten. Vor 60 Mio. Jahren lebte Plesiadapis, einer der ersten Primaten.

Eiszeiten

Eiszeiten der Vorzeit

Eiszeiten gab es auf der Nordhalbkugel schon vor 2,3 Milliarden Jahren. Sie hinterließen auf allen Kontinenten ihre Spuren. Vor 345–270 Mio. Jahren kühlte sich die Südhalbkugel der Erde ab.

Erstaunlich, aber wahr

Im Himalaja, in den Anden und den Alpen schoben sich Gletscher von den Bergen und hobelten tiefe Täler aus. Dabei kamen Millionen Tonnen Gestein in Bewegung. Oft wurden Felsen im Eis einschlossen und über riesige Entfernungen transportiert. Viele Steine, die man in Deutschland findet, stammen aus Norwegen.

Hast du's gewußt?

Während der letzten 2–3 Mio. Jahre der Erdgeschichte gab es vier Eiszeiten, in denen große Eismassen die nördlichen Gebiete der Erde bedeckten. Sie wurden von wärmeren Perioden unterbrochen. Vor 10 000 Jahren endete die letzte Eiszeit und eine Wärmeperiode begann.

Ein Schild aus Eis

Während der letzten Eiszeit, vor 17 000 Jahren, war ein Drittel der Landmasse der Nordhalbkugel von Eis bedeckt, und in den Meeren schwammen Eisberge. Heute sind nur noch die Arktis und die Antarktis von Eis bedeckt. Das Eismeer ist seit 700 000 Jahren gefroren.

Landbrücken

In den Eiszeiten sank der Meeresspiegel, da viel Wasser an den Polen zu Eis gefror. Es entstanden Verbindungen zwischen Ländern, die vorher durch das Meer getrennt waren. Über diese Brücken konnten sich nun Tiere von einem zum anderen Kontinent ausbreiten.

Die große Kälte

Eiszeiten entstehen dadurch, daß die Erde ihre Stellung zur Sonne ver-

ändert. Alle 90 000 Jahre bewegt sich die Erde auf einer längeren Umlaufbahn um die Sonne. Alle 40 000 Jahre neigt sich die Erdachse stärker, und alle 10 000 Jahre wird es auf der Südhalbkugel kälter als im Norden.

Aussterben

Vergangenheit und Gegenwart

Etwa 99,5 % aller Pflanzen- und Tierarten, die auf der Erde gelebt haben, sind ausgestorben. Wenn sie noch existierten, dann gäbe es heute nicht 5 Mio., sondern 980 Mio. Arten.

Massensterben

Viele Tiergruppen sind im Verlaufe der Erdgeschichte plötzlich ausgestorben. Am Ende der Permzeit und der Kreidezeit ereigneten sich solche Massensterben.

Im Perm ausgestorben

(vor 230 Mio. Jahren)

75 % der Amphibienarten

80 % der Reptilienarten

Ausgestorben in der Kreidezeit

(vor 65 Mio. Jahren)

Dinosaurier

Ichthyosaurier

Plesiosaurier

Pterosaurier

Ammoniten

Aussterben der Dinosaurier

Es gibt viele Ansichten, warum die Dinosaurier ausgestorben sind. Niemand kennt jedoch den genauen Grund dafür. Hier sind einige Theorien:

Sie sind erfroren. Der von einem Meteor aufgewirbelte Staub hielt die Sonnenstrahlen ab.

Sie verhungerten, weil Raupen ihre Futterpflanzen wegfraßen.

Raubsaurier fraßen alle anderen Saurier – bis sie keine Nahrung mehr fanden und auch verhungerten.

Kleine Säugetiere fraßen die Eier der Dinosaurier.

Sie vergifteten sich an den ersten Blütenpflanzen.

Die Eierschalen wurden so dünn, daß sie vor dem Schlüpfen zerbrachen.

Eine gewaltige Sternenexplosion überzog die Erde mit tödlicher Strahlung.

Unsere Vorfahren

Erste Menschenaffen
Vor 14–8 Mio. Jahren

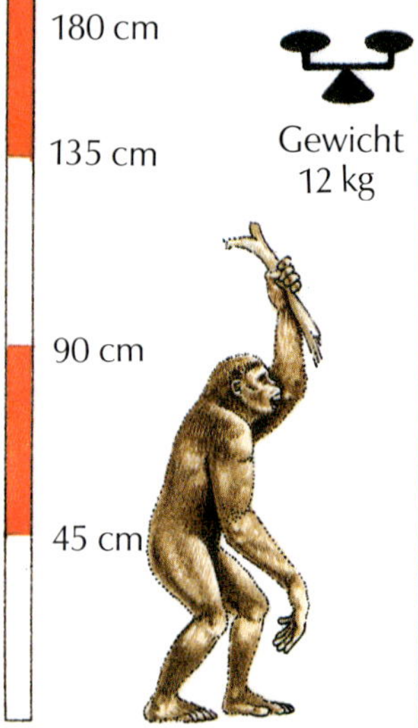

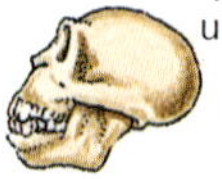

Kürzere Schnauze und kleinere Zähne als die heutigen Affen.

Ramapithecus

Dieser Affe hat eine Kieferform, die schon auf die Menschenaffen (Hominiden) hinweist. Seine Fossilien wurden zuerst in Indien gefunden und nach Rama benannt, einem indischen Gott.

Zeitvergleich

Wenn man die 2 Mio. Jahre, seit es Menschen der Frühen Stufe gibt, auf 1 Jahr schrumpfen läßt, beginnt die Zivilisation am 30. Dezember um 17 Uhr.

Vormenschen
Vor 5–1,5 Mio.

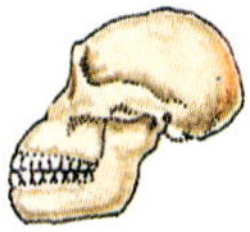

Dicker Knochenwulst über den Augen, kleiner Schädel.

Die Vormenschliche Stufe

Die ältesten bekannten Fußspuren von Australopithecus sind 3,75 Mio. Jahre alt. Sie wurden in Tansania gefunden und unterscheiden sich nicht wesentlich von den Spuren heutiger Menschen.

Nußknacker

Eine Gruppe der Vormenschen kann man zu Recht als Nußknacker bezeichnen. Die Wesen hatten große Backenzähne (3–4mal so groß wie unsere) und sehr starke Kaumuskeln.

Handwerker
vor 2–1,5 Mio.

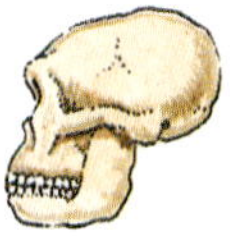

Größeres Gehirn als die Vormenschen, runder Schädel.

Die Frühe Menschliche Stufe

Dieser Mensch wurde Homo habilis genannt, das bedeutet: geschickter Mensch. Er benutzte Steine mit scharfen Kanten als Werkzeug.

Die älteste Wohnung

Ein in Tansania entdeckter Kreis aus Steinen weist auf die älteste menschliche »Wohnung« hin. Sie wurde vor 2 Mio. Jahren errichtet.

Aufrechtgehende Menschen

Vor 1,5 Mio–200 000

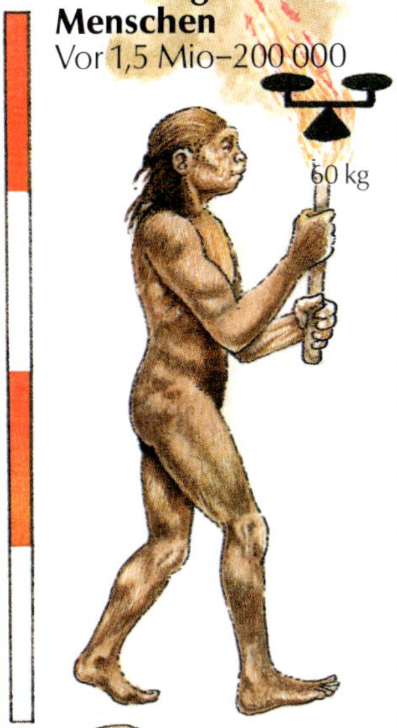

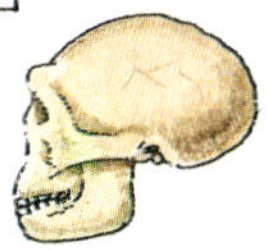

Fliehende Stirn, Knochenwulst über den Augen.

Die Späte Menschliche Stufe

Homo erectus jagte Tiere und verwendete das Feuer.

Feuer

Das erste Feuer entstand durch Blitzschlag. Der Peking-Mensch lebte vor 460 000 Jahren in Höhlen und konnte selbst Feuer anlegen und in Gang halten.

Der Neandertaler

Vor 200 000–40 000

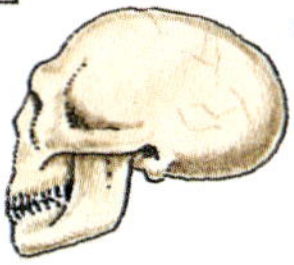

Großer Schädel, Knochenwulst über den Augen, niedrige Stirn

Die Moderne Menschliche Stufe

Homo sapiens neanderthalensis, der Neandertal-Mensch, hatte ein größeres Gehirn als die heutigen Menschen –

über seine Intelligenz sagt dies jedoch nichts aus. 1856 wurden im Neandertal Skelette einer früheren Menschenart gefunden. Zuerst wollte es niemand wahrhaben, daß wir mit den Affen verwandt sind.

Der Moderne Mensch

Vor 40 000–Heute

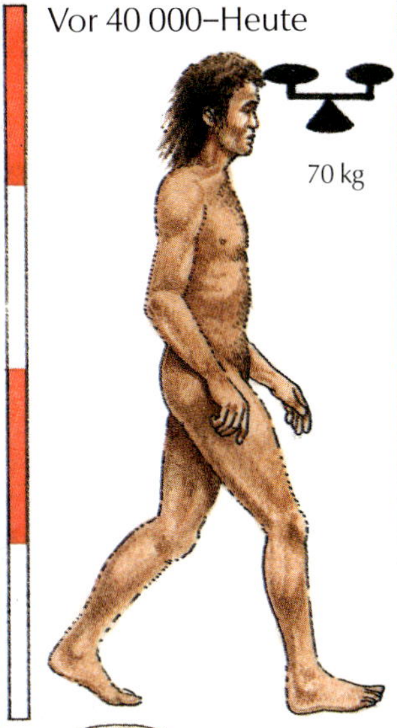

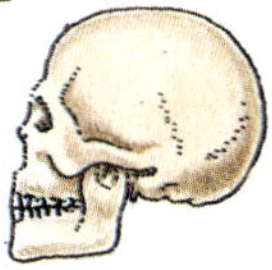

Ausgeprägtes Kinn, hohe Stirn, runder Schädel.

Leute von heute

Jeder Mensch, der heute lebt, gehört zur Unterart Homo sapiens sapiens.

Ein langes Leben

Vor 4500 Jahren wurden die Menschen 20–25 Jahre alt. Heute liegt die Lebenserwartung in Mitteleuropa bei 70 Jahren.

Bedeutende Funde

1 Falschmeldung

1912 entdeckte man in England den Piltdown-Menschen. Es war eine Sensation. Nach 40 Jahren stellte sich jedoch heraus, daß es sich um eine Fälschung handelte: Der Kiefer stammte von einem Orang-Utan.

2 Der älteste Brite

Der 280 000 Jahre alte Swanscombe-Mensch ist der älteste in England gefundene Mensch.

4 Der Neandertaler

Der Neandertaler wurde nach seinem Fundort in Deutschland, dem Neandertal bei Düsseldorf, benannt.

5 Der erste Europäer

Der Heidelberg-Mensch ist 360 000 Jahre alt und damit der älteste Europäer.

8 Die Drachenhöhle

Die Knochen aus einer Höhle in Choukoutien zermahlten Chinesen zu medizinischem Pulver. Sie glaubten, es seien Drachenknochen. 1927 stellte sich heraus, daß diese Knochen vom Peking-Menschen und seinen Beutetieren stammten.

3 Olduwai

Das am besten erhaltene Skelett eines Vormenschen wurde in der Olduwai-Schlucht (Tansania) gefunden. Es wurde in der Nähe eines früheren Seeufers zusammen mit zerbrochenen Säugetierknochen entdeckt.

6 Rift-Tal-Fossilien

Im Rift-Tal (Afrika) wurden unzählige Fossilien gefunden. Klima und Boden waren ideal für ihre Entstehung.

7 Neuzeitliche Menschen

Vor 25 000 Jahren lebte der Cromagnon-Mensch – er wurde in Frankreich gefunden.

9 Die erste Ozeanüberquerung

Vor etwa 30 000 Jahren erreichten die Menschen Australien. Sie mußten damals mindestens 60 km offenes Meer überqueren.

10 Knochen verschwinden

Während des Zweiten Weltkrieges sollten die 500 000 Jahre alten Reste des Peking-Menschen sicherheitshalber in die USA gebracht werden. Sie wurden verpackt, in einen Zug verladen – und nie wieder gesehen.

14 Die ersten Amerikaner

Vor 30 000 Jahren sind die ersten Menschen aus Asien nach Amerika gekommen. Sie überquerten die Beringstraße, die damals noch Festland war. Sie sind die Vorfahren der Indianer.

16 Zug nach Süden

Die Anthropologen (Wissenschaftler, die unsere Vorfahren, Gesellschaften und Gewohnheiten studieren) glauben, daß die Menschen in Amerika nach Süden zogen weil sie Jagdreviere suchten.

11 Die ältesten Bewohner der USA

Die ältesten menschlichen Fossilien, die in den USA gefunden wurden, sind 12 000 Jahre alt.

12 Java-Mensch

Dieser erste Aufrechtgehende Mensch wurde 1891 entdeckt.

13 Die ersten Australier

In Australien wurden nur wenige Fossilien gefunden, denn viele Orte sind versunken, als der Meeresspiegel nach der letzten Eiszeit anstieg.

15 Sackgasse

Vor 12 000 Jahren erreichten die ersten Menschen die Südspitze von Südamerika.

17 Anfänge in Afrika

Unsere frühesten Vorfahren wurden bisher in Afrika gefunden. Die Vormenschen und Menschen der Frühen Stufe stammen von diesem Kontinent.

Landbrücken

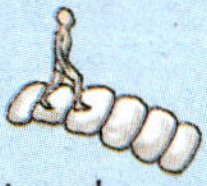

Als der Meeresspiegel in der letzten Eiszeit niedriger war, gab es Landbrücken, die auf der Karte links eingezeichnet sind.

Fundorte unserer Vorfahren

Erste Menschenaffen
Vormenschen
Frühe Menschliche Stufe
Späte Menschliche Stufe
Neandertaler
Der Moderne Mensch

Nahrungssuche

Seit mindestens 2 Mio. Jahren leben Menschen auf der Erde, aber erst seit etwa 10 000 Jahren bauen sie Pflanzen an. Vorher ernährten sie sich von gejagten Wildtieren und von gesammelten Wildfrüchten. Man nennt sie deshalb Sammler und Jäger.

Die ersten Kulturpflanzen

	vor soviel Jahren	Ort
Weizen	10 000	Irak
Gerste	10 000	Türkei
Avokados	9 000	Mexiko
Erbsen	8 500	Türkei
Bohnen	8 000	Peru
Reis	8 000	China, Thailand
Mais	7 500	Mexiko
Hirse	6 500	China
Sojabohnen	5 000	China
Kartoffeln	4 000	Argentinien

Weniger Land für mehr Menschen

Ein Sammler und Jäger benötigte etwa 25 km² Land, um genügend Nahrung für sich zu finden. Ein gleichgroßes Stück Land konnte jedoch auch 26 frühgeschichtliche Bauern ernähren.

Wen gibt's zum Abendessen?

Einige unserer Vorfahren waren wahrscheinlich Kannibalen (d. h. Menschenfresser). Der Aufrechtgehende Mensch in China brach die Schädel und Knochen von Toten auf, um an Gehirn und Knochenmark zu gelangen. Er aß es wahrscheinlich als Teil eines Rituals, mit dem er die Toten ehren wollte, nicht aus Hunger.

Die ältesten Freunde des Menschen

Seit mindestens 10 000 Jahren werden Hunde als Haustiere gehalten. Sie wurden damals bei der Jagd und zum Hüten von Viehherden eingesetzt.

Homo erectus

Neandertaler

Die ersten Haustiere

	vor soviel Jahren	Ort
Schaf	10 000	Irak
Ziege	9 500	Iran
Schwein	9 000	Iran
Meerschweinchen	8 500	Peru
Kuh	8 000	Türkei
Seidenraupe	5 500	China
Lama	5 500	Peru
Kamel	5 000	Saudiarabien
Pferd	5 000	UdSSR
Honigbiene	5 000	Ägypten

Immer unterwegs

Sammler und Jäger folgten den Tieren, die sie jagten, über weite Strecken. Ein Drittel ihrer Nahrung bestand aus Fleisch. Der Rest setzte sich aus Früchten, Samen und Wurzeln zusammen.

Damals und heute

Pflanzen, die man anbaut oder Tiere, die man züchtet, unterscheiden sich bald von ihren wilden Vorfahren. Man nennt sie domestiziert.

Wild- und Zuchtarten

Wild- und Hausschwein

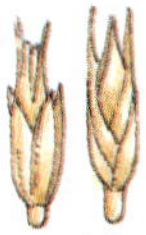

Wilder und kultivierter Weizen

Wild- und Hausziege

Hast du's gewußt?

Im Nahen Osten wird seit 8000 Jahren Bier gebraut und seit 10 000 Jahren Brot gebacken.

Die ersten Bauern

Die erste Landwirtschaft wurde vor 10 000 Jahren im Nahen Osten betrieben, vor 9000 Jahren in Südamerika und vor 7000 Jahren in Fernost.

Nützliche Tiere

Tiere wurden aus vielen Gründen gezüchtet: Sie liefern Fleisch, Milch und Felle, und sie können Lasten tragen.

Früher Moderner Mensch

Die ersten Bauern

Erfindungen

Altsteinzeit (Paläolithikum)

(griechisch für »alter Stein«)
Die Vorgeschichte wurde an Hand von Werkzeugen, die man gefunden hat, in verschiedene Abschnitte eingeteilt.

Altpaläolithikum

Handspitze

Vor 600 000 bis 220 000 Jahren; die Zeit des Aufrechtgehenden Menschen.

Mittelpaläolithikum

Faustkeil

Vor 220 000 bis 35 000 Jahren. Damals lebte der Neandertaler.

Jungpaläolithikum

Harpune

Vor 35 000 bis 12 000 Jahren. Hier traten die Modernen Menschen auf.

Mittelsteinzeit (Mesolithikum)

(griechisch für »mittlerer Stein«)
Die mittlere Steinzeit begann vor 12 000 Jahren im Nahen Osten und 2000 Jahre später in Europa. Es wurden viele neue Geräte erfunden.

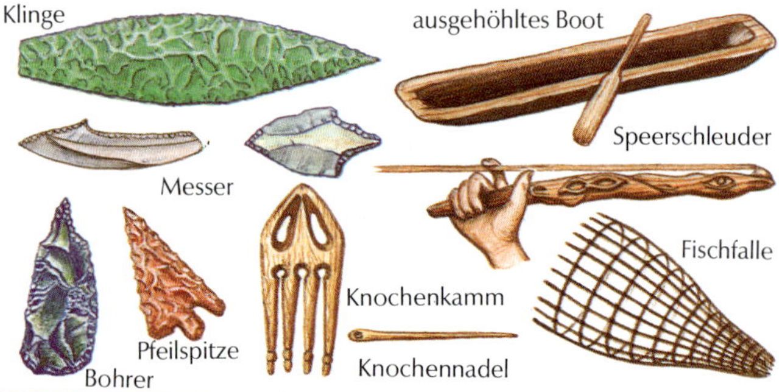

Jungsteinzeit (Neolithikum)

(griechisch für »neuer Stein«)

Die Menschen hielten Haustiere und betrieben Landwirtschaft. Sie wohnten in Dörfern und benutzten Werkzeuge aus Stein, Knochen oder Holz. Vor 6000 Jahren erfand man im Nahen Osten den Pflug. Er bestand aus einem gegabelten Ast, der von Menschen gezogen wurde. Man stellte Lehmtöpfe und Kellen her und schnitzte reich verzierte Dolche.

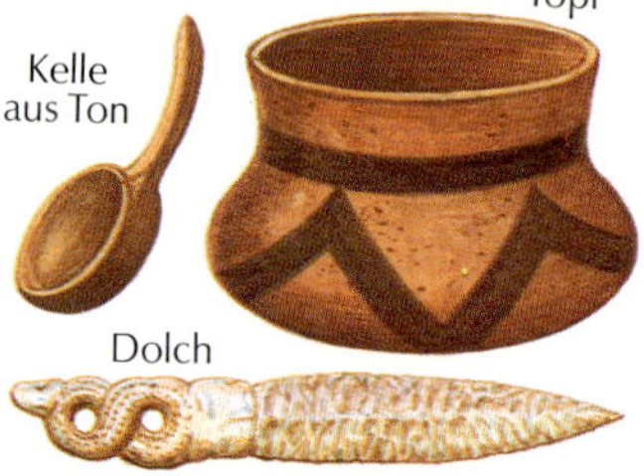

Eine runde Revolution

Vor etwa 5500 Jahren wurde im Nahen Osten das Rad erfunden. Die ersten Räder wurden aus drei Teilen gebaut.

Beginn der Jungsteinzeit

Ort	vor soviel Jahren
Naher Osten	10 000
Nordafrika	10 000
Südeuropa	8 000
Mitteleuropa	6 500
Nordeuropa	6 000

Jagen

Die meisten Werkzeuge wurden damals zum Jagen oder zum Zerschneiden der Beute benutzt.

Hast du's gewußt?

Es gibt immer noch Menschen, die vom Sammeln und Jagen leben. Sie verwenden bis heute steinzeitliche Werkzeuge.

Die erste Musik

Schon vor 20 000 Jahren wurden Flöten als Signale bei der Jagd und zum Musizieren benutzt.
Sie wurden aus Vogel-, Bären- oder Rotwildknochen hergestellt.

Die ersten Töpfer

Im Irak wurden 7000 Jahre alte Tontöpfe entdeckt.

Die ersten Skier

In der UdSSR wurden Skier aus der Altsteinzeit gefunden. Sie bestanden aus Knochen und waren mit Bildern von Elchen verziert.

Die Metallzeit

Beginn der Kupferzeit

Naher Osten	vor 9 500 Jh.
Europa	vor 5 000 Jh.

Beginn der Bronzezeit

Naher Osten	vor 6 000 Jh.
Europa vor	4 000 Jh.

Beginn der Eisenzeit

Europa	vor 2 900 Jh.
Naher Osten	vor 2 600 Jh.

Die ersten Segel

Die ersten Segelboote wurden vor 5000 Jahren im Nahen Osten gebaut.

Die ersten Werkzeuge aus Metall

98 % der Zeit, in der es Menschen gibt, entfällt auf die Steinzeit.
Die Menschen benutzten nur Werkzeuge aus Stein, Knochen oder Holz.
Erst vor 9500 Jahren wurde auch Kupfer für die Herstellung von Werkzeugen benutzt.

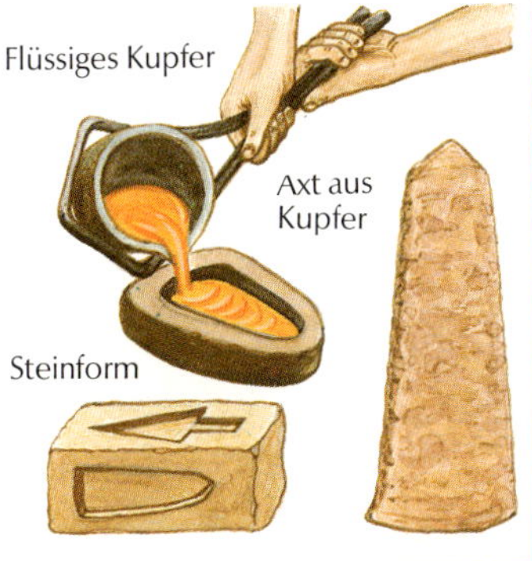

Kleidung aus Stoff

Die ältesten gewobenen Kleidungsstücke wurden 1983 in Israel gefunden. Sie sind 9000 Jahre alt und zeigen 11 Muster.

Kleidung aus Fell

In Sibirien wurde ein 37 000 Jahre alter Mensch im gefrorenen Boden gefunden. Er trug Hemd und Hosen aus Tierhäuten, mit Lederriemen genäht.

Erste Bauten

Stonehenge

Vor 4800 Jahren wurde mit dem Bau des berühmten Steinkreises begonnen. 1700 Jahre später war man fertig. Es wurden mindestens 1000 Leute benötigt, um die 50 t schweren Steinblöcke aus 40 km Entfernung dorthin zu transportieren. Die oberen Steine stammen aus dem 220 km entfernten Wales.

Ein Feld voller Menhire

Vor 4500 Jahren errichteten Menschen 4000 Menhire (auch Hinkelsteine genannt) bei Carnac (Frankreich). Heute gibt es noch etwa 2000 davon in 6 km langen parallelen Reihen. Niemand weiß, warum sie aufgestellt wurden.

Die ersten Bauern

Die ersten ständig bewohnten Dörfer entstanden im Nahen Osten. Die Menschen lernten es, Weizen und Gerste anzubauen, die dort wild heimisch sind. Da sie nicht mehr umherziehen mußten, um Nahrung zu suchen, wurden sie seßhaft.

Erstaunlich, aber wahr

Alle Gebäude und Bauten auf dieser Seite wurden mit sehr einfachen Werkzeugen gebaut. Räder wurden noch nicht benutzt.

Das älteste Gebäude

Die Reste einer 450 000 Jahre alten Behausung wurden in Terra Amata bei Nizza (Frankreich) gefunden. Sie wurde von Aufrechtgehenden Menschen erbaut. Das älteste noch immer stehende Gebäude ist ein Tempel auf Malta. Er ist etwa 5250 Jahre alt.

Das größte Hügelgrab

Für vorgeschichtliche Grabstätten wurden oft riesige Erdhaufen aufgeschüttet. Europas größtes Hügelgrab befindet sich in Silbury Hill (England). Es bedeckt eine Fläche von 19 000 m² und ist 40 m hoch. Etwa 670 000 t Erde mußten bewegt werden, um es zu bauen. 3700 Männer müßten 2 Jahre lang täglich 8 Stunden arbeiten, um diese Arbeit zu erledigen (bei 300 Arbeitstagen im Jahr).

Mammutknochen-Hütten

Vor etwa 15 000 Jahren bauten Mammutjäger in der Ukraine (UdSSR) Hütten aus Mammutknochen. Um die größte bisher bekannte Hütte (bei Mezhirich) zu bauen, mußten vermutlich 10 Leute 6 Tage lang arbeiten.

Die Pyramidenbauer

Die Große Pyramide wurde in Ägypten als Grab des Königs Khufu gebaut. Bis zu 15 t schwere Steinbrocken wurden zur Baustelle gebracht. Dort wurden sie in 2 Millionen Blöcke zerteilt, von denen jeder 2,5 t wog. Sie wurden über Rampen (die später wieder abgetragen wurden) mit Baumstämmen als Rollen – nach oben gezogen. Die 146 m hohe Pyramide ist eigentlich kein vorgeschichtliches Bauwerk, denn die Ägypter konnten bei ihrem Bau vor 4500 Jahren schon schreiben.

Die Mauern von Jericho

In Jericho (Jordanien) wurde die erste Stadtmauer zur Verteidigung gebaut. Hier wurden auch die ältesten Ziegelsteine gefunden. Sie sind 8000 Jahre alt, wurden mit den Händen aus Lehm geformt und in der Sonne getrocknet.

Hinkelstein-Rekord

Die größten Menhire wurden bei Locmariaquer (Frankreich) gefunden. Sie wiegen etwa 350 t, so viel wie 70 Afrikanische Elefanten.

Die ersten Dörfer

	Land	vor soviel Jahren
Jericho	Jordanien	10 000
Catal Huyuk	Türkei	8 500
Dimini	Griechenland	7 000
Pan P'o Ts'un	China	7 000
Vinca	Jugoslawien	7 000

Hast du's gewußt?

Die Neandertaler waren die ersten Menschen, die ihre Toten mit einer Zeremonie beerdigten. In einem Grab bei Shanidar (Irak) wurden Reste von Blumen gefunden. Sie beweisen, daß Kornblumen, Stockrosen, Hyazinthen und andere Blumen sorgfältig um den Toten gelegt worden waren.

Künstler und Dichter

Höhlenmaler

Die ältesten Bilder der Welt sind die Höhlenmalereien, die man in Frankreich und Spanien gefunden hat. Sie sind 30 000 Jahre alt. Die meisten Malereien fanden sich in tiefen Höhlen an schwerzugänglichen Stellen. Meist wurden Mammute, Pferde, Rinder und Rotwild dargestellt. Wahrscheinlich glaubten die steinzeitlichen Menschen, die Zeichnungen würden ihnen bei der Jagd auf diese Tiere helfen. Auch in Afrika und Australien hat man Höhlenmalerien entdeckt.

Malkasten der Vorzeit

Höhlenmaler zerrieben Gestein und vermischten das Pulver mit Wasser oder Öl. Diese Farben trugen sie mit Bürsten aus Tierhaaren auf. Manchmal pusteten sie die Farben mit hohlen Knochen an die Wände. Rote, gelbe und braune Farben wurden aus Ocker gewonnen. Schwarze Farbe wurde aus Kohle hergestellt.

Der erste Schmuck

In Dolni Vestonice (Tschechoslowakei) wurde die älteste Halskette gefunden, angefertigt vor 35 000 Jahren. Ketten wurden aus Schneckengehäusen und Zähnen von Füchsen, Mammuten, Wölfen oder Bären hergestellt.

Landkarten

Die älteste Landkarte ist 15 000 Jahre alt. Von Mammutjägern in den Stoßzahn eines Mammutes geschnitzt, zeigt sie ein Lager mit seinen Hütten sowie einen Fluß und viele Bäume.

Die ersten Figuren

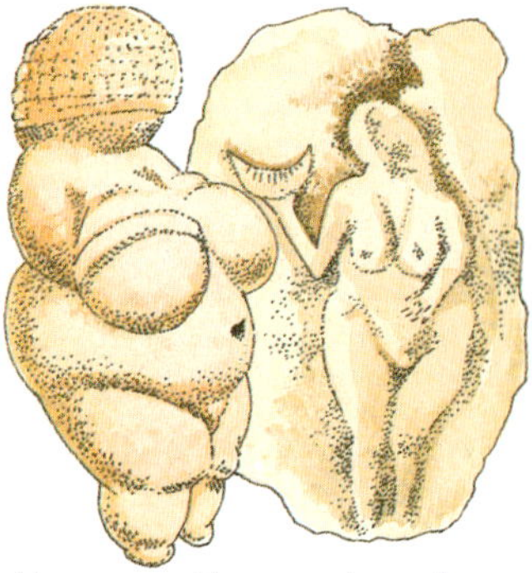

Venus von Willendorf   Venus von Laussel

Die Venus von Willendorf (in Österreich gefunden) ist 30 000 Jahre alt und die älteste bisher bekannte Figur. Solche Figuren stellten oft dicke oder schwangere Frauen dar – die berühmteste ist die Venus von Laussel (Frankreich). Wahrscheinlich handelt es sich um Glücksbringer.

Das älteste Lied

1974 wurde die älteste bekannte Musik zum ersten Mal nach 4000 Jahren bei einem Konzert gespielt. Die Musik konnte entschlüsselt werden, nicht jedoch der Text. Das Lied stammt von Bewohnern der syrischen Mittelmeer-Küste.

Ein Tagebuch

Die älteste bekannte schriftliche Überlieferung ist 30 000 Jahre alt und stammt aus Cromagnon (Frankreich). Hier fand man Knochen, in die bestimmte Strichmuster eingeritzt waren. Die Menschen hatten damals wahrscheinlich die Anzahl erlegter Tiere oder die Mondphasen festgehalten.

Die ersten Worte

Seit wann konnten unsere Vorfahren sprechen? Um das festzustellen, haben Wissenschaftler Gipsabdrücke von fossilen Schädeln angefertigt. Obwohl alle unsere Vorfahren ihre Stimme benutzten, konnten sie erst vor 35 000 bis 20 000 Jahren alle Laute erzeugen, die in der heutigen Sprache vorkommen.

Erstaunlich, aber wahr

Unser Alphabet wurde von den Römern erfunden; die Zahlen stammen dagegen von den Arabern, die sie von den Indern übernommen hatten.

Das erste Brettspiel

Es wurde vor 5000 Jahren in der antiken Stadt Ur (Irak) erfunden. Das Brett hatte 20 Felder, und es gab 7 schwarze und 7 weiße Steine sowie 6 pyramidenförmige Würfel.

Die älteste Rechenmaschine

Der Abakus wurde vor 5000 Jahren in China erfunden, und er wird immer noch benutzt. Seine Kugeln stellen Zehner, Hunderter usw. dar. Durch Verschieben der Kugeln kann man rechnen.

Hast du's gewußt?

Die erste Schrift – ohne Buchstaben

In Sumer (Irak) wurden vor 5500 Jahren die ersten Worte geschrieben. Es gab keine Buchstaben; jedes Wort war das Bild eines Gegenstandes. Erst kratzte man sie auf

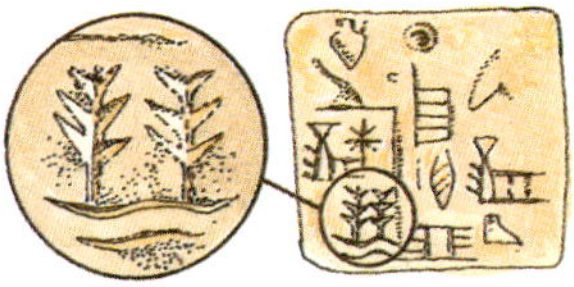

feuchte Lehmplatten, später benutzten Schreiber einen keilförmigen Stab, den man in Lehm drückte. Diese Schrift nennt man Keilschrift. Die Zeichen stellten sowohl Laute als auch Gegenstände dar. Diese Schrift wurde 3000 Jahre lang benutzt.

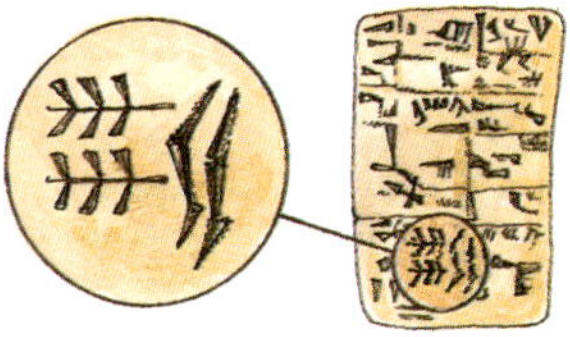

Die frühesten Schriften

Sumerische Piktogramme
5500 Jahre alt

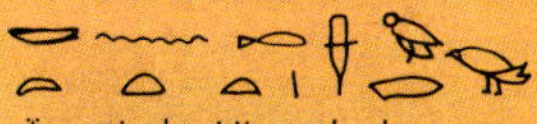

Ägyptische Hieroglyphen
5000 Jahre alt

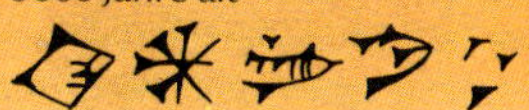

Keilschrift 4800 Jahre alt

Schrift aus dem Indus-Tal
4600 Jahre alt

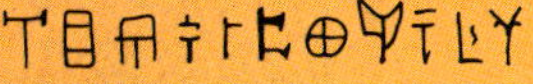

Schrift aus Kreta
4000 Jahre alt

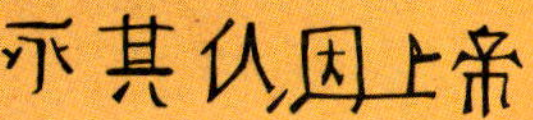

Chinesische Schriftzeichen
3500 Jahre alt

Überlebende aus der Vorzeit

Über Jahrmillionen verändern sich Pflanzen und Tiere, sie passen sich an ihre Umwelt an. Die Vorfahren der Pferde z. B. hatten Zehen und waren so groß wie Katzen.

Equus (Pferd) vor 2 Millionen Jahren

Hyracotherium vor 55 Millionen Jahren

Lebende Fossilien

Manche Pflanzen und Tiere haben sich seit der Vorzeit nicht verändert. Einige dieser »lebenden Fossilien« werden hier abgebildet.

Ginkgo (Baum)

Diese Bäume haben fast unverändert die letzten 195 Millionen Jahre überlebt. Sie sahen schon so aus, als es Dinosaurier gab.

Ginkgo

Metasequoia

Metasequoia (Baum)

Den Urwelt-Mammutbaum gibt es seit 100 Mio. Jahren auf der Erde. Anders als viele andere Nadelbäume verliert er im Winter seine Blätter.

Australischer Lungenfisch

1869 in Australien entdeckt. Seine Geschichte geht 225 Mio. Jahre zurück.

Schwertschwanz (Meerestier)

Dieses Tier lebt seit 170 Mio. Jahren auf der Erde. Es kommt an der Ostküste der USA vor. Sein Verwandter, der riesige See-Skorpion, ist vor 500 Mio. Jahren ausgestorben.

Perlboot (Meerestier)

Viele Kopffüßer bewohnten vor 230 bis 65 Mio. Jahren die Meere; eine vor 22 Mio. Jahren entstandene Art lebt heute im Indischen Ozean.

Zungenmuschel (Meerestier)

Dieses Tier gehört zu den Armfüßern und ist vor 570 Mio. Jahren entstanden.

Brückenechse (Kriechtier)

Ihre Vorfahren lebten vor 200 Mio. Jahren auf den Inseln vor Neuseeland.

Schnabeltier (Säugetier)

Dieses 150 Mio. Jahre alte, eierlegende Säugetier wurde 1797 in Australien entdeckt.

Okapi (Säugetier)

Um 1900 wurde dieses in Afrika lebende Tier entdeckt. Es existiert seit 30 Mio. Jahren.

Stummelfüßer (Wurm)

Dieses Tier lebt im tropischen Regenwald. Vorfahren von ihm gab es bereits vor 500 Mio. Jahren.

Erstaunlich, aber wahr

Das berühmteste lebende Fossil ist der Quastenflosser. Man glaubte, er sei vor 65 Mio. Jahren ausgestorben. 1935 haben dann Fischer an der Küste von Südafrika ein lebendes Exemplar gefangen. Es war 1,5 m lang und

wog 58 kg. Später stellte sich heraus, daß die Fischer auf Madagaskar diese Fische nicht selten fingen. Sie benutzten die Haut, um Fahrradschläuche aufzurauhen, wenn sie einen »Plattfuß« flicken wollten.

Das Monster von Loch Ness

Viele Leuten behaupten, in Loch Ness (Schottland) ein riesiges Monster gesehen zu haben (»Loch« ist das gälische Wort für »See«). Dieser See ist sehr tief und war in vorgeschichtlicher Zeit mit der Nordsee verbunden.

Phantasievolle »Forscher« nehmen an, daß dieses Monster (falls es existiert) ein übriggebliebenes vorgeschichtliches Tier ist, z. B. ein Elasmosaurus, eine Art der Flossenechsen, die vor 60 Mio. Jahren gelebt hat.

Hast du's gewußt?

Neben Loch Ness gibt es noch etwa 12 andere schottische Seen, von denen Monster-Geschichten existieren. Ähnliche Berichte gibt es auch von vielen anderen Süßwasserseen auf der ganzen Welt.

Ungeheuer	Ort
Slimey Slim	USA
Manipogo	Kanada
Pooka	Irland
Piast	Irland
Waitoreke	Australien
Hvaler Schlange	Norwegen
Storsjö	Schweden
Monster vom weißen See	Chile

»Lebende Fossilien«

Nicht alle »lebenden Fossilien« sind selten. Die Tabelle auf der rechten Seite nennt einige Arten, die heute noch sehr verbreitet sind.

Name	Art	Erstmals auf der Erde vor
Schildkröte	Kriechtier	275 Mio. Jh.
Krokodil	Kriechtier	195 Mio. Jh.
Silberfisch	Insekt	395 Mio. Jh.
Kakerlak	Insekt	345 Mio. Jh.
Araukarie	Baum	250 Mio. Jh.
Magnolie	Baum	140 Mio. Jh.

Fachbegriffe zur Vorgeschichte

Bezeichnung der erdgeschichtlichen Perioden

Kambrium
(570–500 Mio.)
Kambrium ist der lateinische Name für Wales. Nach Gesteinen aus diesem Gebiet wurde ein Zeitalter benannt.

Ordovizium
(500–435 Mio.)
Die Ordovizen waren ein Stamm, der einst in Wales lebte. Zur Erinnerung an diese Menschen wurde ein ganzer Zeitabschnitt der Erde benannt.

Silur
(435–395 Mio.)
Die Silurer waren ebenfalls ein walisischer Stamm. Die Gesteine aus diesem Gebiet gaben dem Zeitalter des Silur den Namen.

Devon
(395–345 Mio.)
Dieser Zeitabschnitt wurde nach einem Gebiet in Südengland benannt. Noch heute gibt es die Grafschaft Devon.

Karbon
(345–280 Mio.)
Dieses Zeitalter wurde nach carbo (lateinisch für »Kohle«) benannt, da in dieser Zeit die Kohle entstand.

Perm
(280–230 Mio.)
Perm ist eine Gegend im Ural (UdSSR).

Trias
(230–195 Mio.)
Gesteine aus dieser Zeit lagerten sich in Deutschland in drei verschiedenen Schichten ab (»treis« bedeutet »drei« auf griechisch).

Jura
(195–141 Mio.)
Wurde nach dem Juragebirge in Frankreich benannt.

Kreide
(141–65 Mio.)
In diesem Zeitabschnitt entstand die Kreide.

Tertiär
(65–2 Mio.)
Quartär
(2 Mio. bis heute)
Gesteine wurden in 4 Gruppen aufgeteilt: primäre, sekundäre, tertiäre und quartäre. Die Bezeichnungen Primär und Sekundär werden heute nicht mehr benutzt. Die Gesteine der Tertiärzeit werden in folgende 5 Abschnitte unterteilt:

Paläozän	65–55 Mio.
Eozän	55–38 Mio.
Oligozän	38–22 Mio.
Miozän	22–6 Mio.
Pliozän	6–2 Mio.

Die Quartärzeit wird in 2 Zeitabschnitte geteilt:

Pleistozän	2 Mio.–10 000
Holozän	10 000–heute

Untersuchung der Vorgeschichte

Verschiedene Wissenschaften sind an der Vorgeschichte beteiligt. Ihre Namen kommen alle aus dem Griechischen und enthalten den Begriff »logos« für »Wort« oder »Kunde«.

Die Wissenschaft, die fossile Pflanzen, Tiere und Menschen untersucht, heißt **Paläontologie** (»palaios«: griechisch für »alt«; »ont« für »seiend«).

Wissenschaftler, die Gesteine der Erde untersuchen, nennt man Geologen (»geos«: griechisch für »Erde«).

Anthropologie nennt man die Wissenschaft von der Entwicklung und dem Verhalten der Menschen (»anthropos«: griechisch für »Mensch«).

Wissenschaftler, die sich mit den Resten von Gebäuden, Gräbern und Werkzeugen früherer Menschen beschäftigen, nennt man **Archäologen** (»archaios«: griechisch für »alt«).

Register

übersetzt und bearbeitet von Hans Joachim Conert
Titel der Originalausgabe
»The Usborne Book of Prehistoric Facts«

Umschlaggestaltung: Atelier Langenfass, Ismaning
Gestaltung: Tony Gibson, Joe Coonan und Stephen Meir
Illustrationen: Tony Gibson, Ian Jackson,
Kevin Maddison und Rod Sutterby
Mitarbeit: William Lindsay (British Museum)
und Frances Paget

ISBN 3-7607-4509-1
94 93 92 91 90 5 4 3 2

CIP-Titelaufnahme der Deutschen Bibliothek

Craig, Annabel:
Die Vorgeschichte / Annabel Craig.
Bearb. dt. Fassung von Hans Joachim Conert.
– München: Ars-Ed. 1989
(Tatsachen, Rekorde, Daten, Vergleiche)
Einheitssacht.:
The Usborne book of Earth Facts <dt.>
ISBN 3-7607-4509-1
NE: Conert, Hans Joachim [Bearb.]

mit Spaß ENTDECKEN

Sachbücher für Kinder und Jugendliche

ISBN 3-7607-4516-4

ISBN 3-7607-4517-2

ISBN 3-7607-4518-0

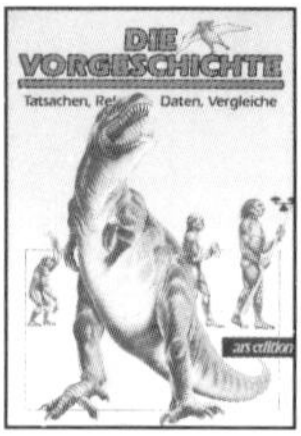

ISBN 3-7607-4509-1

ISBN 3-7607-4510-5

ISBN 3-7607-4511-3

ISBN 3-7607-4512-1

ISBN 3-7607-4522-9

ISBN 3-7607-4523-7

weitere Titel in Vorbereitung